筑桥知识星球

神奇动物住哪里？

鱼类住在哪儿？

献给道格,一位对每一条鱼与都饱含敬意的垂钓爱好者。

——梅丽莎·斯图尔特

特此纪念我的妹妹法雷达·穆罕默德和我父亲亨利·德鲁·希金斯。感谢父亲和我分享阿肯色州观鱼的好地方。

——希金斯·邦德

图书在版编目（CIP）数据

神奇动物住哪里？. 鱼类住在哪儿？/（美）梅丽莎·斯图尔特著；（美）希金斯·邦德绘；项思思译. — 成都：四川科学技术出版社，2023.9
ISBN 978-7-5727-0703-2

Ⅰ.①神… Ⅱ.①梅…②希…③项… Ⅲ.①鱼类-少儿读物 Ⅳ.①Q95-49

中国版本图书馆 CIP 数据核字 (2022) 第 169040 号

著作权合同登记图进字 21-2022-232 号
First published in the United States under the title A PLACE FOR FISH
by Melissa Stewart, illustrated by Higgins Bond.
Text Copyright © 2011, 2018 by Melissa Stewart.
Illustrations Copyright © 2011, 2018 by Higgins Bond.
Published by arrangement with Peachtree Publishing Company Inc.
Simplified Chinese translation copyright © TGM Cultural Development and Distribution (HK) Co. Limited, 2022
All rights reserved.

神奇动物住哪里？　鱼类住在哪儿？
SHENQI DONGWU ZHU NALI?　YULEI ZHU ZAI NAR?

著　者	[美]梅丽莎·斯图尔特
绘　者	[美]希金斯·邦德
译　者	项思思
出品人	程佳月
项目策划	筑桥童书
责任编辑	张滟滟
助理编辑	朱　光　魏晓涵
内容策划	林　跞
装帧设计	浦江悦　王竹臣
责任出版	欧晓春
出版发行	四川科学技术出版社
地　址	成都市锦江区三色路 238 号　邮政编码：610023
	官方微博：http://weibo.com/sckjcbs
	官方微信公众号：sckjcbs
	传真：028-86361756
成品尺寸	235 mm × 210 mm
印　张	2
字　数	40 千
印　刷	河北鹏润印刷有限公司
版　次	2023 年 9 月第 1 版
印　次	2023 年 9 月第 1 次印刷
定　价	128.00 元（全 6 册）

ISBN 978-7-5727-0703-2

■版权所有　翻印必究■
（图书如出现印装质量问题，请寄回印刷厂调换）

筑桥知识星球

神奇动物住哪里？

鱼类住在哪儿？

[美]梅丽莎·斯图尔特 / 著　[美]希金斯·邦德 / 绘　项思思 / 译

四川科学技术出版社

鱼类令我们的世界多姿多彩,但人类的一些行为让它们的生存和繁衍艰难无比。如果我们可以齐心协力帮助这些神奇动物,它们就能在地球上始终保有一片栖息之所。

◆ 鱼的运动方式

鱼游泳时，需要左右扭动自己的身体，它们的鱼鳍各司其职。尾鳍非常强壮，为它们提供在水中前进所需的动力；身体两侧的胸鳍帮助它们游动起来或停下动作，还可以帮它们转弯；顶部的背鳍和底部的腹鳍、臀鳍则共同保持鱼体的平衡。一般来说，鳍细尾窄的鱼类游得较快，不过那些鱼鳍又大又宽，尾巴方方正正的鱼类虽然游得比较慢，但转弯非常迅速。

▲面具神仙鱼

安全的生活环境和健康的身体，是鱼类生存的前提。可一些鲨鱼会不小心被钓鱼线勾住，因此失去生命。如果渔民们能使用一种新式渔钩，让鲨鱼在远处就能发现它，鲨鱼就能生存并得以繁衍。

◆ 双髻鲨

双髻鲨已经在地球上生活了1 000多万年，但是它们现在的生存状态岌岌可危。每年，渔民们撒下的渔网不仅捕捞起了金枪鱼和剑鱼，也杀害了数以千计的双髻鲨。最近，科学家们发现双髻鲨能够感知到某些金属渔钩。如果渔民们能够使用这种渔钩，双髻鲨就能远离危险。

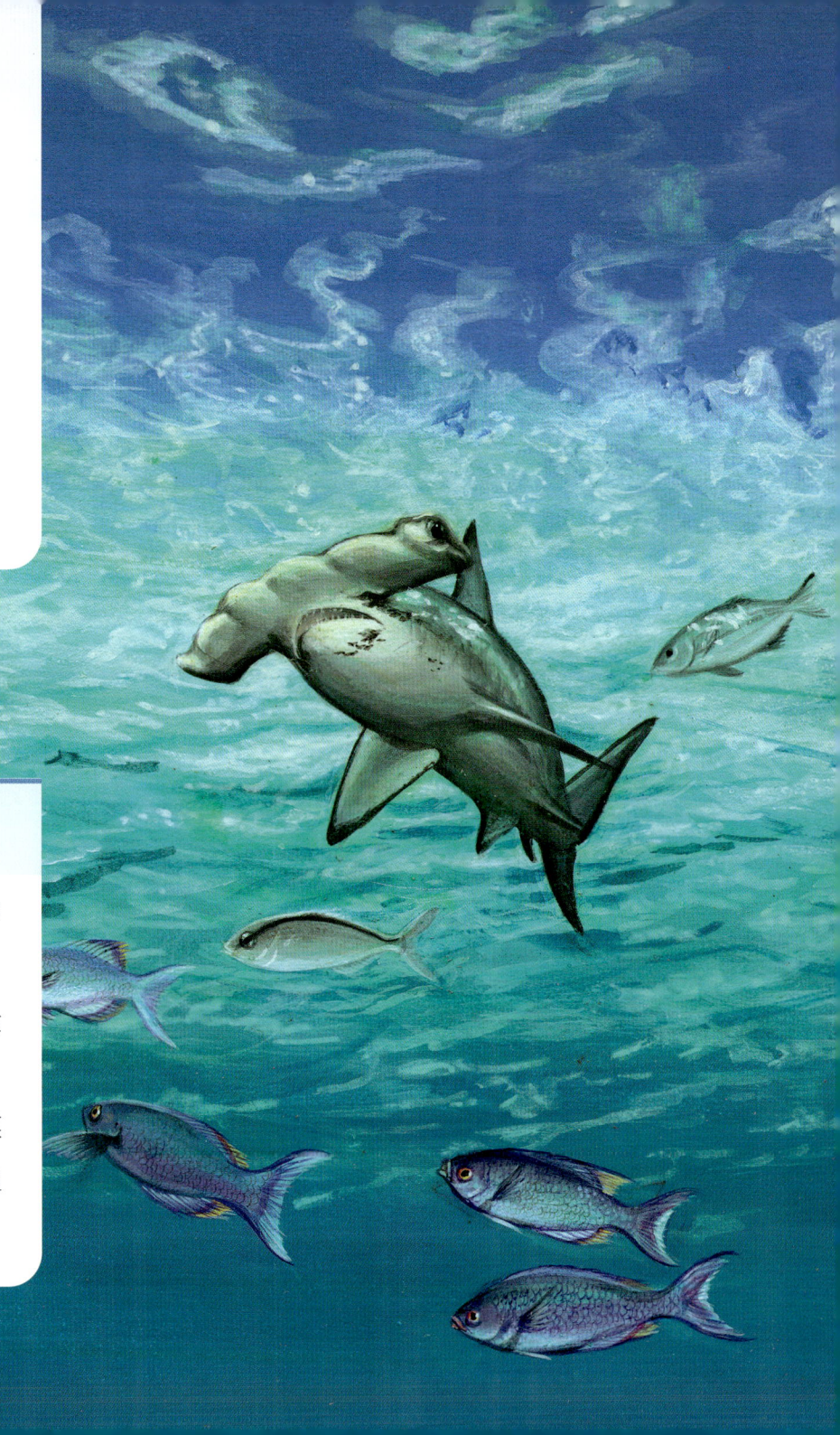

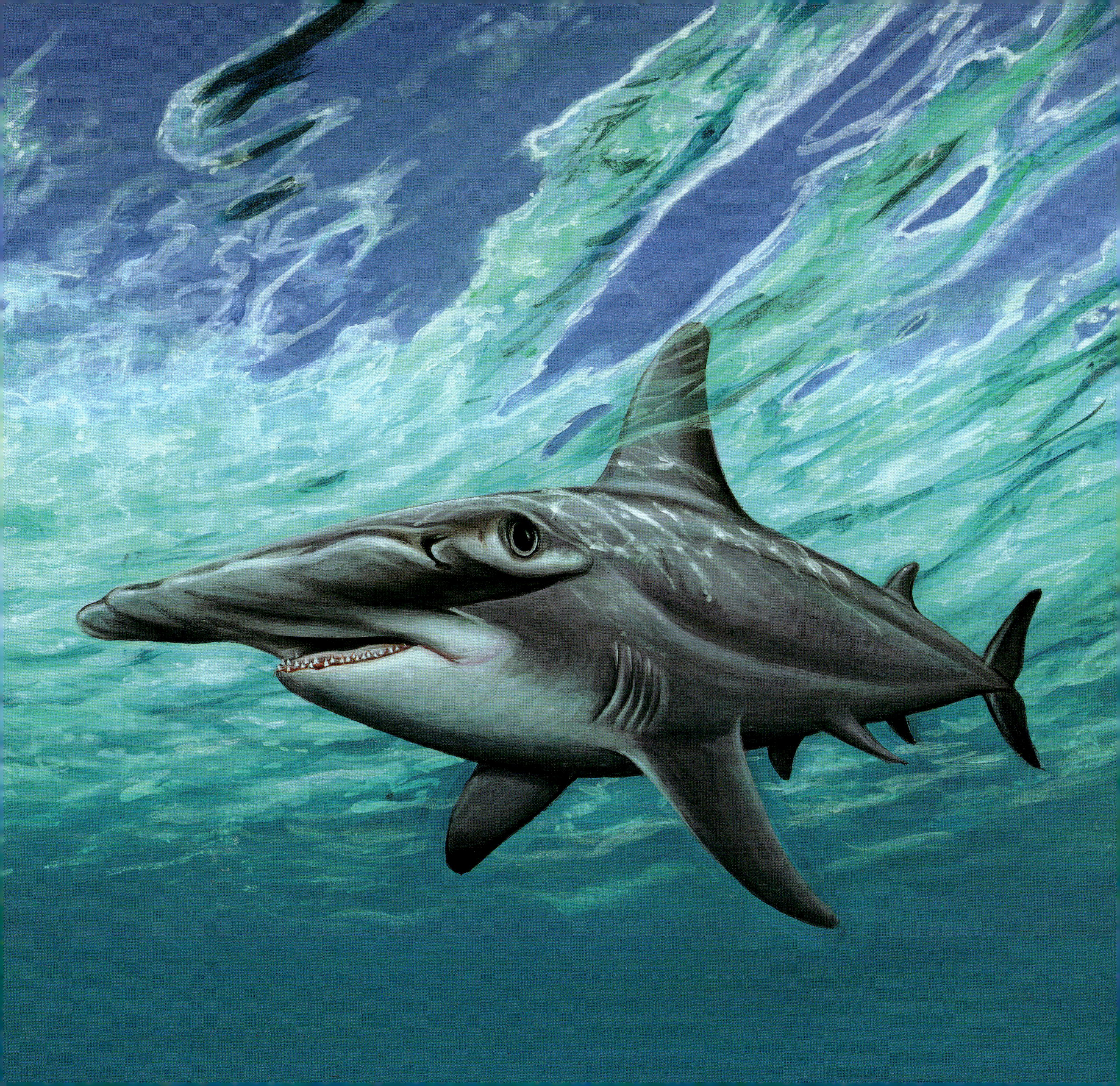

发电厂烧煤时，会排放出一些化学物质，这些化学物质会危害鱼类的健康。如果人们可以找到更清洁的发电方式，鱼类就能生存并得以繁衍。

◆ 白斑狗鱼

发电厂烧煤发电时，会排放出充满化学物质的烟。烟中的污染物进入大气后，与云层混合会形成酸雨。当酸雨与湖底的岩石接触发生反应时，石头会释放出一种物质，导致鱼类烂鳃。怎样才能帮助白斑狗鱼和其他鱼类避免这种危害呢？答案就是节约用电，并推广太阳能和风能发电等更清洁的发电方式。

▲风电厂

有些鱼类十分美丽，人们喜欢把它们养在家中当宠物。如果我们不再捕捉这些五彩斑斓的鱼儿，它们就能生存并得以繁衍。

◆ 黄高鳍(qí)刺尾鱼

每年,潜水员都会从夏威夷的珊瑚礁区捕捉50多万条黄高鳍刺尾鱼。因为他们知道,那些家里摆着水族箱的人一定会花高价买下这些颜色鲜艳的小鱼。这就使得野生黄高鳍刺尾鱼的数量持续下降。2015年,科学家们在实验室里成功繁育出这种美丽的小鱼。如果人们能以人工繁育代替野外捕捞,那么野生黄高鳍刺尾鱼的数量就能够有所回升。

▲黄高鳍刺尾鱼

有些鱼类的身体部位很特别，引起了人们的收藏兴趣。如果能立法禁止买卖这些特殊鱼类的身体部位，它们就能生存并得以繁衍。

◆ 栉齿锯鳐

数个世纪以来，一些亚洲的治疗师会把栉齿锯鳐的鱼鳍作为一味药。在他们眼中，这种鱼鳍有着非凡的魔力。栉齿锯鳐的吻锯又细又长，上面还布满了牙齿，被世界各地的人们争相收藏。到了20世纪90年代，已经几乎看不到它们的身影了。2014年，栉齿锯鳐被列入美国濒危物种名录。现在，在美国售卖它身体的任何部位都是违法的。栉齿锯鳐目前仍有灭绝的危险，科学家们希望它们能存活下来。

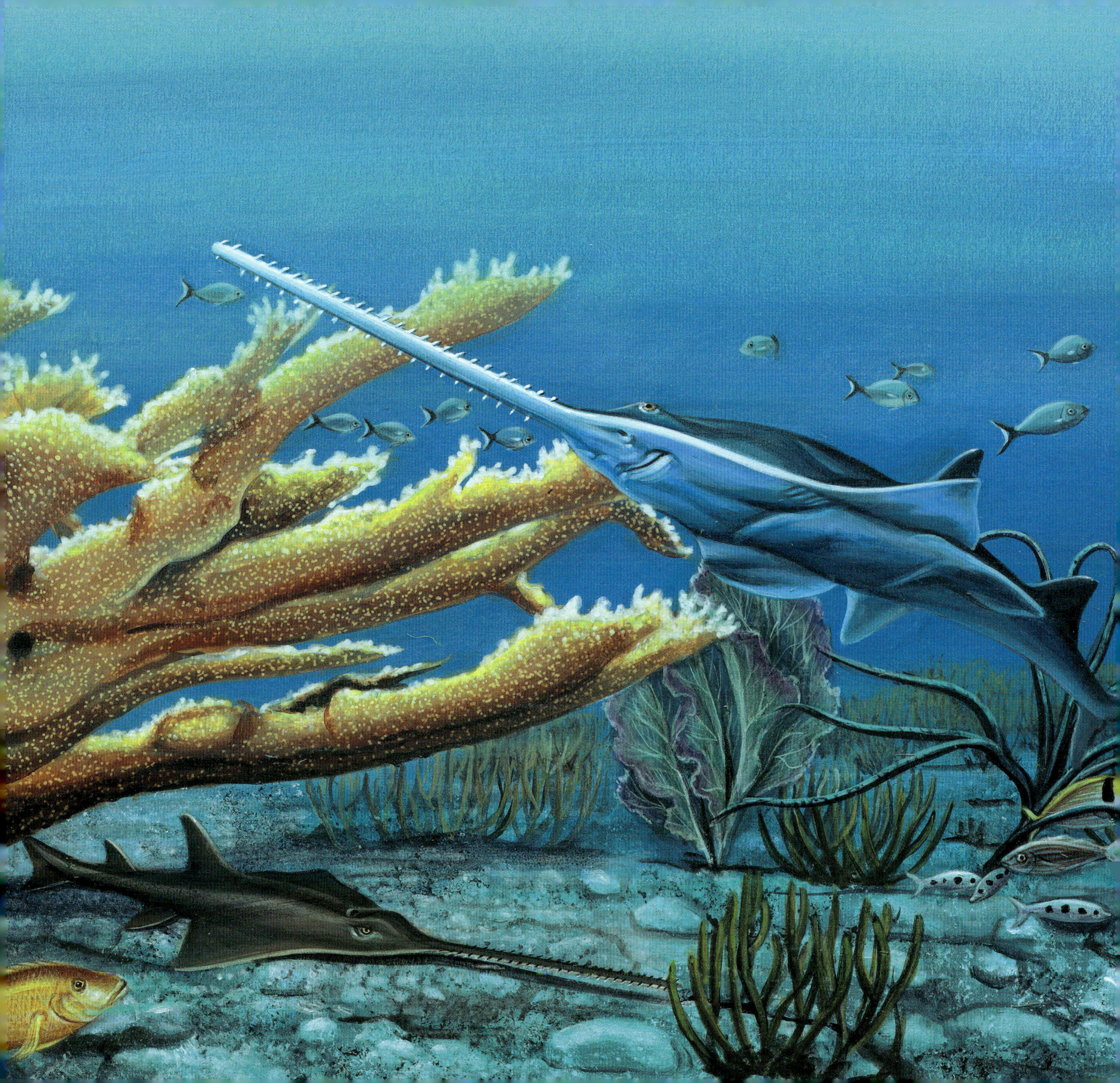

人们向江河、溪流、湖泊和池塘等水域引入其他种类的鱼，也会对本土鱼类构成威胁。如果人们不再向附近的水域投放宠物鱼，本地的鱼类就能生存并得以繁衍。

◆ 小口黑鲈

许多人都喜欢买小金鱼作为宠物，可一旦它们长大了，鱼缸装不下，主人就可能会把它们放生到当地的池塘里。这些金鱼会吃掉一些小型的本地鱼，比如小口黑鲈和它们的卵。金鱼吃东西时，会搅动沙子和泥土，破坏小口黑鲈的巢穴，所以千万不要把金鱼放生到自然水体中。

▲ 小口黑鲈

有些鱼肉质鲜美，人类过度捕捞导致了它们的生存危机。如果科学家、厨师和立法者可以齐心协力，这些鱼就能生存并得以繁衍。

◆ 剑鱼

曾经,北美的大西洋沿岸生活着数百万条剑鱼。20 世纪 90 年代,它们却已经面临着灭绝的危险。于是,北美的厨师纷纷从菜单上撤下剑鱼这道菜。美国国会也宣布禁止在剑鱼排卵的海域捕鱼。因为这一系列措施,剑鱼的境遇很快就得到了改善,如今它们正自由地在海中畅游。

鱼类的自然栖息地遭到破坏，它们的生存也会受到威胁。有些鱼只能生活在珊瑚礁附近。如果人们可以共同保护好珊瑚礁，这些鱼就能生存并得以繁衍。

◆ 斑点棱箱鲀(tún)

佛罗里达州的珊瑚礁不仅为斑点棱箱鲀提供了食物,还为它们提供了庇护所。但是这些珊瑚礁正面临着许多危机:家用清洁剂中的化学物质会使珊瑚虫变得虚弱,无法抵御疾病的侵袭;船只的撞击也会损毁这些珍贵的珊瑚礁。为了解决这些问题,佛罗里达州的珊瑚礁环境教育基金会正向人们传授一些简单的方法,来保护珊瑚礁和以它们为家的鱼类。

▲斑点棱箱鲀

有时农民们会抽取河水来喂养牲畜,若取水量太大,就会给水环境带来改变。这样的做法会给鱼类的生存带来大麻烦。如果人们能找到减少用水的方法,鱼类就能生存并得以繁衍。

◆ 克拉克大麻哈鱼

美国西部的许多牧场主常常在附近的湖泊或溪流中取水喂牛。长期如此，导致水体的水位下降，水温迅速上升，水分蒸发，盐分含量就变高了。又热又咸的河水不再适合克拉克大麻哈鱼生活了。

不过，鲑鳟类保护协会等公益团体正与牧场主们共同努力，寻找节约用水的方法。相信通过这样的计划，克拉克大麻哈鱼能获得一片较为光明的前景。

人类用来帮助草地生长的化学制剂会使一些鱼类的海洋栖息地遭到破坏。如果人们不再使用这些化学制剂，鱼类就能生存并得以繁衍。

◆ 线纹海马

　　美国切萨皮克湾的居民过去常常给草坪施肥,导致一些化学物质被排入海中。藻类开始迅速繁殖,抢占了大叶藻生长必需的阳光,最终导致以大叶藻为生的线纹海马陷入困境。为了解决这个问题,人们开始以堆肥替代化肥,并种植更多本地植物替代草坪。科学家们希望现在行动起来对大叶藻和线纹海马来说为时未晚。

有些鱼只能在寒冷的深水区生存，然而人类使用化石燃料导致全球变暖，这些鱼正面临生存危机。如果人们在供暖、开车时减少石油、煤炭和天然气的使用，这些鱼就能生存并得以繁衍。

◆ 加拿大白鲑

近些年的夏天，在明尼苏达州的水域中死去了成千上万条加拿大白鲑和其他鱼类。到底是怎么回事？人类燃烧化石燃料导致全球变暖，湖水也随之升温，湖中的加拿大白鲑受困于此，无法游到凉爽的水域，因而死亡。加拿大白鲑是许多大型鱼类的重要食物来源，所以全球变暖对那些鱼来说也是个坏消息。怎样才能解决这个问题呢？答案就是尽量减少对化石能源的使用。如果人们能够减缓全球变暖的趋势，或许加拿大白鲑和以它们为食的鱼类就能幸免于难。

为了控制水流量，人们在河流和溪水上游修建大坝。但是这些大坝使得鱼类的穿行变得十分困难。如果人们可以拆掉一些大坝，鱼类就能生存并得以繁衍。

◆ **虹鳟鱼**

1921年，工人们在俄勒冈州的罗格河上修建了萨维奇拉皮兹坝。大坝横亘在溪流之上，不仅使虹鳟鱼难以逆流而上产卵，还阻挡了鱼苗游向下游。2009年，大坝被拆除。科学家指出，保证河流的畅通每年能挽救10万余条虹鳟鱼。

▲ 虹鳟鱼

如果鱼类大量死亡，其他生物的生存也会陷入困境。这也是为何保护鱼类及其栖息地如此重要。

◆ 我们需要鱼类

我们的生存离不开鱼。鱼是人类获取蛋白质的重要来源，鱼肉中的营养成分能保护我们的心脏，提高记忆力。光是住在美国的人，每年就要吃掉大约363万吨鱼。大多数专家都认为，每周至少应该吃三次鱼。

◆ 其他动物需要鱼类

鱼是食物链的重要组成部分，鱼卵是龟类和其他鱼类的重要食物来源。熊、浣熊、麝(shè)鼠、水獭、海豹、蝙蝠和鸟类都以鱼为食。没有了鱼，许多生物都会饿肚子。

鱼类已经在地球上生活了大约 4.5 亿年。虽然人类活动有时候会伤害鱼类，但仍有许多方法可帮助这些神奇动物长长久久地生存下去。

◆ 救救鱼类

🐟 如果你钓到了一条小鱼,请把它放生。

🐟 每次使用渔具前,都彻底清洗一遍,以免外来生物传播到其他水体中。

🐟 不要把垃圾丢进任何水体。

🐟 不要将危险化学制剂直接倒进下水道。

🐟 节约用水。刷牙时不要让水一直哗哗地流。多淋浴少泡澡。可以收集雨水,用来给植物浇水。

🐟 加入公益小组,一起为保护、恢复当地的河流、湖泊、池塘或大海生态环境尽一份绵薄之力。

▷ 与鱼类有关的二三事 ◁

※ 没人知道世界上到底有多少种鱼,到目前为止,科学家们已经发现的鱼有 25 000 多种。一些研究人员认为,可能还有 15 000 多种鱼等着我们去认识。

※ 胖婴鱼是世界上最小的鱼,它可以轻松地躺在铅笔尾端的橡皮擦上;大鲸鲨是世界上最大的鱼,比一辆大巴还大。

※ 鱼没有眼睑,所以它们不能像我们一样闭上眼睛睡觉。大多数的鱼到了晚上,会安静地休息,不过也有些鱼几乎每时每刻都在运动。